Nisreen Husain
Touseef Hussain Trak

Plantas medicinais importantes com elevado potencial antioxidante

Nisreen Husain
Touseef Hussain Trak

Plantas medicinais importantes com elevado potencial antioxidante

ScienciaScripts

Imprint
Any brand names and product names mentioned in this book are subject to trademark, brand or patent protection and are trademarks or registered trademarks of their respective holders. The use of brand names, product names, common names, trade names, product descriptions etc. even without a particular marking in this work is in no way to be construed to mean that such names may be regarded as unrestricted in respect of trademark and brand protection legislation and could thus be used by anyone.

Cover image: www.ingimage.com

This book is a translation from the original published under ISBN 978-620-2-07410-0.

Publisher:
Sciencia Scripts
is a trademark of
Dodo Books Indian Ocean Ltd. and OmniScriptum S.R.L publishing group

120 High Road, East Finchley, London, N2 9ED, United Kingdom
Str. Armeneasca 28/1, office 1, Chisinau MD-2012, Republic of Moldova, Europe
Printed at: see last page
ISBN: 978-620-7-87414-9

Dedicação....

Dedicado ao cidadão da paz!!!

Índice

Prefácio...

Ao longo dos tempos, tem havido sempre uma forte associação entre o homem e as plantas. Estas plantas constituíram a base de muitos sistemas sofisticados e tradicionais de medicina, que continuam até hoje a fornecer à humanidade novos remédios, os fitoquímicos presentes nas plantas atribuem-lhes propriedades terapêuticas e medicinais. Assim, sabe-se que exibem uma poderosa atividade antioxidante que permite combater os danos oxidativos e a patogenicidade.

Nos últimos anos, tem-se assistido a uma rápida inclinação para a utilização de dietas ricas em antioxidantes e de produtos naturais, especialmente as plantas. Este facto deve-se ao aumento da sensibilização dos seres humanos para a sua saúde e boa forma física. Este facto também satisfez, em certa medida, o seu intenso desejo de abrandar o envelhecimento e aumentar a longevidade. Apesar da consciencialização, geralmente a vida rápida e ocupada dos seres humanos obriga-os a optar por atalhos através da ingestão de vitaminas e suplementos antioxidantes para promover a saúde. A publicidade destas formas de antioxidantes nas revistas de saúde populares e em alguns anúncios como "balas mágicas" ou "fonte da juventude" fez com que a sua utilização se tornasse uma parte essencial do estilo de vida. Muitas pessoas, no entanto, não sabem porquê e quais são os efeitos desses suplementos que são engolidos como pastilhas. É preciso saber que nem todos os radicais livres são prejudiciais e que alguns deles, em quantidades modestas, são necessários para a fisiologia normal. Por conseguinte, a eliminação de todos os radicais livres através da ingestão de demasiados antioxidantes pode causar danos em vez de benefícios. Pelo contrário, o consumo de antioxidantes naturais de frutos e vegetais de folha como parte da dieta regular é a melhor abordagem para combater o stress oxidativo. Uma dieta saudável fornece antioxidantes suficientes e mantém naturalmente um estilo de vida saudável.

O presente livro, "Important Medicinal Plants with Rich Antioxidant Potential", tem como objetivo dar uma ideia do que fazem realmente os antioxidantes, e porquê e como contribuem para os benefícios para a saúde. Além disso, a revisão de algumas das plantas ricas em antioxidantes de diferentes partes do mundo de uma forma concisa pode ajudar os leitores a compreender a atividade antioxidante dessas espécies. Além disso, pode ajudar a conhecer a perspetiva de como essas plantas podem ser úteis na fitorremediação e na redução do stress oxidativo e, consequentemente, do risco de doenças terríveis. Espera-se que a breve revisão, as fotografias e as referências sejam úteis para os académicos e estudiosos associados ao domínio da investigação sobre antioxidantes.

Dr. Nisreen Husain
Dr. Touseef Hussain Trak

Sobre os autores

Dr. Nisreen Husain (M. SC., Ph.D.)

A Dra. Nisreen Husain ocupa atualmente o cargo de Chefe do Departamento de Zoologia no Govt. Dr. W. W. Patankar Girls' P.G. College, Durg, Ensino Superior, Chhattisgarh. Medalhista de ouro no seu mestrado, iniciou a sua carreira no ensino superior em 1984. Os antioxidantes e as plantas medicinais são as suas áreas de interesse na investigação. A Dra. Nisreen é coautora de um livro didático de Zoologia para licenciados. É editora do compêndio especial do Indian Journal of Scientific Research. Também é autora de um capítulo no livro "Recent Trends in Biological Research", da Global Academic Society of India. A Dra. Nisreen está associada ao Conselho de Estudos de diferentes universidades e colégios autónomos. É membro vitalício da Sociedade Zoológica de Chhattisgarh, uma unidade da Sociedade Zoológica da Índia, e também do Indian Journal of Scientific Research, aprovado pela UGC. Faz parte do painel de revisores da mesma revista. A Dra. Nisreen tem muitas publicações de investigação a seu crédito e completou um Projeto de Investigação Menor, patrocinado pela UGC, Índia. Participou ativamente e apresentou trabalhos em várias conferências nacionais e internacionais. Organizou o Seminário Nacional Interdisciplinar sobre "Impacto comportamental de animais e microrganismos na vida humana e no seu ambiente". Também organizou seminários sobre "Sensibilização para a saúde e a doença", "Conservação da vida selvagem" e

"Orientação profissional".

A Dra. Nisreen foi galardoada com o prémio "Shikshak Samman" em 2006 e 2013.

Dr. Touseef Hussain Trak (M. Sc., Ph. D.)

O Dr. Touseef Hussain Trak trabalha atualmente como Professor Assistente de Botânica no Govt. Degree College, Jammu & Kashmir. Obteve o seu doutoramento na Universidade Barkatullah, Bhopal, M.P., Índia. A sua experiência de ensino no ensino superior é de 5 anos. Num período tão curto da sua carreira, o Dr. Hussain tem muitas realizações a seu crédito. Os seus vários artigos foram publicados em muitas revistas nacionais e internacionais. Está envolvido em alguns projectos importantes e em trabalhos de investigação acessória. Está envolvido no levantamento das plantas etnomedicinais importantes de Jammu e Caxemira, um trabalho que talvez se reflicta em breve nos seus escritos. As principais áreas de interesse do Dr. Hussain são a etnobotânica e a taxonomia. Participou e apresentou muitos trabalhos em vários seminários e conferências. Prestou os seus serviços como professor convidado na maioria dos institutos de ensino de renome, como o Paramount Institute of Excellence, Impact Tutorials, Palladian City Learning Campus, Kishtwar, Jammu e Caxemira. O seu serviço social no domínio da educação é notável.

Reconhecimento...

Estamos gratos a todos os que fizeram parte deste empreendimento e nos ajudaram a levar a bom termo todo este projeto. Agradecemos sinceramente ao Dr. Deepak Kumar Shrivastav, Editor-Chefe do Indian Journal of Scientific Research, Índia, por nos ter encorajado a escrever e resumir os nossos pontos de vista sobre o assunto de uma forma precisa. Os nossos sinceros sentimentos às mais respeitadas personalidades mais velhas das nossas respectivas famílias, o Sr. Tjammul Husain Nasir (F/O Dr. Nisreen Husain) e o Sr. Mohammad Hussain Trak (F/O Touseef Hussain Trak), cujas bênçãos e bênçãos nos deram imensa força para seguir em frente. As nossas expressões de gratidão vão para os nossos respectivos cônjuges, o Sr. Mushtaq Husain (H/O Nisreen Husain) e a Sra. Farhat Samreen (W/O Touseef Hussain Trak), cuja paciência, compreensão e amor incondicional nos mantiveram entusiasmados com o nosso trabalho durante todo o tempo. Admitimos igualmente o apoio moral genuíno dos membros da nossa família, Faaizah Husain, Dhaval Jadwani, Iram Sabha e Sofiya Tanzeel, sem esquecer a Sra. Sandhya Yadav. Os nossos sinceros agradecimentos à Sra. Yasmeen Trak, Poojya Tiwari Babuji e Ammaji, cujos desejos tornaram a nossa viagem muito mais fácil. As nossas expressões de agradecimento ficarão incompletas se não fizermos uma vénia ao Todo-Poderoso por nos ter dado força e sorrisos durante este esforço.

Dr. Nisreen Husain
Dr. Touseef Hussain Trak

Capítulo I

Antioxidantes: Importância e benefícios para a saúde

Introdução

1.1 O que são Antioxidantes?

Os antioxidantes são substâncias que ocorrem naturalmente nas plantas e também no corpo humano, capazes de contrariar as reacções de oxidação prejudiciais. Estes processos de oxidação podem causar danos nas células e contribuir para o envelhecimento e a patogenicidade. No entanto, o seu funcionamento não afecta as reacções de oxidação normais e essenciais à vida que ocorrem no nosso organismo. O termo "Antioxidantes" não pode ser confinado apenas ao seu papel químico, mas está sempre relacionado com o contexto biológico e o seu papel na redução do stress oxidativo. Os fitoquímicos das plantas actuam como antioxidantes activos. Do mesmo modo, tanto os componentes enzimáticos como os não enzimáticos do corpo humano constituem o sistema endógeno de defesa antioxidante.

Os antioxidantes existem como vitaminas, minerais e outros compostos nos alimentos. Uma dieta que contenha muitos frutos e vegetais, cereais integrais e frutos secos pode fornecer todos os antioxidantes de que o corpo humano necessita. As dietas ricas em antioxidantes podem ser muito benéficas. Alguns dos antioxidantes mais conhecidos incluem os carotenóides, que são uma forma de vitamina A, a substância que dá aos frutos e vegetais as suas cores ricas e profundas. Os alperces, os brócolos, a abóbora, os melões, os espinafres e as batatas doces são boas escolhas. Os alimentos que contêm vitaminas C e E são também boas fontes de antioxidantes, assim como o selénio e o zinco.

1.2 O que é que os antioxidantes fazem?

Os antioxidantes são nutrientes presentes nos alimentos, frutas e vegetais folhosos que protegem as células dos efeitos nocivos dos radicais livres. Os radicais livres são moléculas instáveis que podem danificar as células do corpo. O corpo humano cria-os quando digere os alimentos ou respira a poluição. Estes danos celulares podem aumentar o risco de cancro, doenças cardíacas, cataratas, diabetes ou infecções. Os radicais livres podem também afetar a função cerebral.

De facto, os antioxidantes previnem a formação de ERO, eliminam os ERO antes de ocorrerem danos celulares, reparam os danos oxidativos e eliminam também as moléculas danificadas. Melhoram a função imunitária e talvez reduzam as probabilidades de infeção, doenças cardiovasculares e cancro. Quantidades suficientes de antioxidantes reforçam os sistemas de defesa do organismo, combatem os radicais livres e diminuem o risco de doenças terríveis.

1.3. Antioxidantes e radicais livres

O corpo humano produz naturalmente radicais livres e os antioxidantes para contrariar os seus efeitos nocivos. No entanto, na maioria dos casos, os radicais livres ultrapassam de longe os antioxidantes que ocorrem naturalmente. Para manter o equilíbrio, é necessário um fornecimento contínuo de fontes externas de antioxidantes e, assim, obter o máximo de benefícios dos antioxidantes. Os antioxidantes beneficiam o corpo neutralizando e removendo os radicais livres da corrente sanguínea.

O oxigénio é uma faca de dois gumes. Não podemos viver sem oxigénio mas, ao mesmo tempo, estamos continuamente expostos à toxicidade do oxigénio. No entanto, o oxigénio molecular não é nem muito reativo nem muito tóxico. A toxicidade aparente é devida aos radicais livres de oxigénio formados pela redução parcial do oxigénio molecular. Além disso, um radical livre de qualquer espécie é capaz de existir independentemente (daí o termo "livre"). Geralmente, a maior reatividade dos radicais livres em relação a moléculas mais estáveis resulta do facto de ser necessária mais energia; por exemplo, para manter duas espécies espaciais com um eletrão desemparelhado do que para permitir que se juntem e partilhem electrões de modo a formar uma orbital molecular preenchida, eventualmente com a formação de uma ligação covalente. Além disso, a reatividade dos radicais livres está inversamente relacionada com a estabilidade.

Os radicais livres são produzidos no organismo como subprodutos de actividades metabólicas celulares normais, tais como a síntese de prostaglandinas, o transporte de electrões mitocondrial, a atividade enzimática do retículo endoplasmático, a oxihemoglobina, a auto-oxidação e a fagocitose, bem como quando expostos a poluentes ambientais, medicamentos, pesticidas e radiações ionizantes, produzindo graves efeitos nocivos nos tecidos do organismo. Normalmente, é mantido um equilíbrio entre o ataque oxidativo dos radicais livres e o sistema de defesa anti-oxidativo que prevalece nas células e nos tecidos do nosso corpo, mas quando o equilíbrio se inclina mais para a geração de radicais livres, instalam-se alterações degenerativas, causando muitas doenças degenerativas. A redução mais importante dos radicais livres nas células aeróbicas envolve o oxigénio molecular e os seus derivados radicais (oxigénio radical superóxido).

1.4 Benefícios dos Antioxidantes

Os antioxidantes são frequentemente mencionados em debates sobre boa saúde e prevenção de doenças. Estas substâncias poderosas, que provêm maioritariamente dos frutos e legumes frescos que comemos, impedem e, em alguns casos, evitam mesmo a oxidação de outras moléculas no organismo. Os benefícios dos antioxidantes são muito importantes para uma boa saúde, porque se os radicais livres não forem combatidos, podem causar uma grande variedade de doenças e enfermidades crónicas.

Existe uma grande variedade de antioxidantes na natureza e, como são tão variados, diferentes antioxidantes proporcionam benefícios a diferentes partes do corpo. Por exemplo, o beta-caroteno (e outros carotenóides) é muito benéfico para a saúde dos olhos; o licopeno é benéfico para ajudar a manter a saúde da próstata; os flavonóides são especialmente benéficos para a saúde do coração; e a eficácia das proantocianidinas é manter a saúde do trato urinário.

1.5. Antioxidantes e benefícios para a saúde da pele

Quando a pele é exposta a níveis elevados de luz ultravioleta, os danos foto-oxidativos são induzidos pela formação de diferentes tipos de espécies reactivas de oxigénio (ROS), incluindo o oxigénio singlete, os radicais superóxido e os radicais peróxido. Estas formas de espécies reactivas de oxigénio danificam os lípidos celulares, as proteínas e o ADN, e são consideradas as principais responsáveis pelo eritema (queimaduras solares), pelo envelhecimento prematuro da pele, pelas fotodermatoses e pelos cancros da pele. A astaxantina, seguida do beta-caroteno combinado com a vitamina E, demonstrou ser uma das combinações antioxidantes mais poderosas para ajudar a proteger a pele do efeito nocivo das ERO.

1.6. Antioxidantes e apoio ao sistema imunitário

O oxigénio singlete pode comprometer o sistema imunitário, porque tem a capacidade de catalisar a produção de radicais livres. Sabe-se que a astaxantina e a espirulina melhoram o sistema imunitário não específico e específico, e protegem as membranas celulares e o ADN celular da mutação. A astaxantina é o mais potente supressor do oxigénio singlete e é até dez vezes mais forte do que outros carotenóides (incluindo o beta-caroteno) e até 500 vezes mais forte do que o alfa-tocoferol (vitamina E), enquanto a espirulina tem uma variedade de antioxidantes e outras substâncias que são benéficas para aumentar a imunidade.

1.7. Benefícios acessórios dos antioxidantes para a saúde:

Aumentar a ingestão de antioxidantes é essencial para uma saúde óptima, especialmente no mundo poluído de hoje. Uma vez que o corpo não consegue acompanhar a produção de antioxidantes, uma boa quantidade destas vitaminas, minerais, fitoquímicos e enzimas deve provir da alimentação diária. Aumentar a ingestão de antioxidantes pode ajudar a fornecer uma proteção adicional ao organismo contra doenças cardiovasculares, problemas oculares, perda de memória, perturbações do humor e doenças imunitárias. Os alimentos ricos em antioxidantes funcionam também como "impulsionadores de energia" para as várias actividades da vida.

Capítulo 2
Redes de plantas antioxidantes e fitorremediação

2.1 As plantas como fontes naturais de antioxidantes

Os conhecimentos sobre plantas, ervas aromáticas e especiarias e o seu papel coletivo na promoção da saúde humana são modestos. Os compostos alimentares, o seu papel na manutenção da saúde humana e as suas interacções com os nutrientes estabelecidos têm de ser determinados como prioridades de investigação. Sabe-se que várias espécies de plantas combatem efetivamente os efeitos nocivos das oxidações metabólicas geradas naturalmente ou pelo aumento dos poluentes no ambiente.

Na natureza, a maioria dos antioxidantes é produzida nas plantas. Por conseguinte, as plantas são caracterizadas por uma elevada concentração de numerosos compostos antioxidantes. Pelo contrário, as células animais têm uma produção muito mais limitada de antioxidantes. Por conseguinte, as células animais são mais susceptíveis a danos oxidativos frequentes do que as células vegetais. Muitos dos antioxidantes das plantas são produzidos em resposta ao stress oxidativo como uma marca de defesa.

Os padrões amplos e únicos de antioxidantes normalmente presentes nos alimentos vegetais são necessários para obter efeitos benéficos para a saúde dos seres humanos. Estes são os fitoquímicos e metabolitos presentes e produzidos nas plantas. Entre todos eles, os flavonóides e os compostos fenólicos exibem uma poderosa atividade antioxidante. Considera-se que as concentrações elevadas de um único antioxidante suplementar não podem substituir o vasto espetro de antioxidantes que se encontram nas plantas. Assim, é mais provável que uma rede de antioxidantes com diferentes propriedades químicas nas plantas dietéticas proteja contra as doenças humanas do que os suplementos de antioxidantes. Além disso, estes antioxidantes são eficazes na fitorremediação do stress oxidativo.

2.2Actividade antioxidante e fitorremediação

As doenças, os problemas de saúde e o envelhecimento precoce são as consequências da decomposição dos radicais livres. A fim de neutralizar os seus efeitos tóxicos, o corpo humano desenvolveu sistemas antioxidantes para se proteger contra os radicais livres. Estes sistemas incluem alguns antioxidantes produzidos no organismo, ou seja, antioxidantes endógenos, ou obtidos através da alimentação, ou seja, antioxidantes exógenos. Os endógenos são constituídos por defesas enzimáticas, enquanto os exógenos são constituídos por defesas não enzimáticas. A eficácia incompleta dos sistemas de defesa endógenos e a existência de algumas situações fisiopatológicas resultam numa produção excessiva de radicais livres no momento e local errados. Devido a esta propriedade, os antioxidantes alimentares são necessários para diminuir os efeitos cumulativos dos danos oxidativos ao longo da vida. Estes antioxidantes provêm da alimentação, dos frutos e dos vegetais de folha sob a forma de vitaminas e carotenóides. Outros antioxidantes com valor para a saúde provêm diretamente das plantas, incluindo fenóis, flavonóides, taninos e lignanos. A atividade antioxidante destes fitoquímicos e antioxidantes aumenta o valor medicinal da planta, contribuindo para a eficácia destas plantas na prevenção de várias doenças e no retardamento dos processos de envelhecimento. Estas plantas são, portanto, úteis no seu papel de fitorremediação, combatendo as condições de stress oxidativo.

A fitorremediação é a utilização direta de plantas verdes vivas para a remoção, degradação ou a presença de contaminantes no solo, nos sedimentos, nas águas superficiais e subterrâneas. A fitorremediação é uma abordagem de remediação baseada em plantas, com boa relação custo-eficácia, que tira partido da capacidade das plantas para concentrar elementos e compostos do ambiente, bem como para metabolizar várias moléculas nos seus tecidos. A utilização de plantas e dos micróbios que lhes estão associados para a limpeza ambiental e para reduzir o stress oxidativo ganhou aceitação nas últimas décadas como uma tecnologia rentável, não invasiva ou complementar dos métodos de remediação baseados na engenharia. As plantas também podem ser utilizadas para a estabilização, extração, degeneração ou volatilização de poluentes. Estas técnicas de fitorremediação são utilizadas na era moderna, o que inclui a sua aplicabilidade a vários poluentes orgânicos e inorgânicos, pelas espécies vegetais mais adequadas.

Capítulo 3
Algumas Plantas Medicinais Ricas em Antioxidantes de Diferentes Partes do Mundo

Todas as árvores, plantas e folhagens verdes são um tesouro de fitoquímicos e metabolitos secundários. A maioria deles tem uma forte atividade antioxidante. Actuam como antioxidantes e funcionam para reduzir o stress oxidativo. Estes compostos químicos maravilhosos ajudam na fitoremediação. Este capítulo é um mero vislumbre de algumas das plantas medicinais importantes com um rico potencial antioxidante. Analisa essas plantas de todo o mundo que foram registadas pelas suas propriedades antioxidantes únicas.

Plantas iranianas:

01. ***Camellia sinensis*** **(L) Kuntze**

Família: Theaceae.

Nomes comuns: Planta do chá, Arbusto do chá, Árvore do chá.

As folhas de *Camellia sinensis* que sofreram uma oxidação mínima durante o processamento contribuem para o fabrico do *chá verde.* Contém cafeína e metabolitos de cafeína, e foi sugerido que o extrato apresenta uma forte atividade antioxidante (Semnani *et al.*, 1983; *http://www. medicinal food news. com/vol10/2006/green tea).*

02. ***Zea mays L.***

Família: Poaceae.

Nome comum: Milho.

A seda de milho tradicional, como é conhecida, é considerada diurética, anti-séptica e antioxidante. Os extractos são ricos em fenóis e flavonóides e o extrato inibiu em mais de 88% a peroxidação do ácido linoleico segundo o método do tiocianato férrico (FTC). Esta propriedade antioxidante deve-se à utilização da seda de milho nas medicinas tradicionais. É utilizada para o tratamento da gota, pedras nos rins, nefrite, prostatite e edema (Ebrahimzadeh *et al.,* 2008).

03. ***Ocimum basilicum*** **L.**

Família; Laminaceae.

Nome comum: Manjericão, manjericão comum, manjericão doce.

O manjericão, ou seja, *Ocimum basilicum,* pertence à família da hortelã e é uma erva tenra de crescimento baixo. É originária do Irão, da Índia e de outras regiões tropicais da Ásia. A erva possui elevadas propriedades antioxidantes e é utilizada para fins culinários e medicinais (Javanmardi *et al.,* 2003).

04. ***Olea europaea*** **L.**

Família: Oleaceae.

Nome comum: Azeitona.

Olive ou Zaytoon, é o nome vulgarmente conhecido da importante planta medicinal *Olea europaeal.* É originária da bacia mediterrânica. O óleo essencial do fruto da oliveira é constituído por catorze ácidos gordos saturados e dezasseis ácidos gordos insaturados, para além do ácido oleico, do ácido palmítico e dos ácidos araquídicos como componentes principais. (Kaskoos *et al.,* 2009).

Os extractos metanólicos de polpa de azeitona possuem uma valiosa atividade antioxidante necessária para a fitoremediação na redução do stress oxidativo. Esta propriedade deve-se à presença de compostos fenólicos, as boas fontes de antioxidantes naturais (Hajimahmoodi *et al.,* 2008).

***05.Lavandula officinalis* L.**

Família: Lamiaceae.

Nome comum: Lavendel.

A Lavandula officinalis é um arbusto de folha perene com ramos lenhosos e caules herbáceos. A planta é encontrada no sul da Europa e cresce muito na zona mediterrânica entre a costa e as encostas mais baixas das montanhas. O óleo essencial das flores é utilizado tropicamente em dores reumáticas, cólicas e dores de cabeça depressivas como fitorremediação. O óleo contém linalol, 1,8-cineol, borneol e cânfora como componentes principais que atribuem à sua capacidade de eliminar os radicais livres (Afsharypour *et al.,* 2003).

***06.Echium amoenum* Fisch. & C.A.Mey.**

Família: Boraginaceae

Nome comum: Penas vermelhas.

Echium amoenum é a planta medicinal tradicional iraniana. O extrato de flores desta planta tem sido utilizado como anti-inflamatório, analgésico e sedativo na medicina popular do Irão. Sabe-se que o extrato da planta contém bons compostos fitoquímicos, tais como ácido linolénico, flavonóides, saponinas, terpenóides insaturados e esteróis, bem como vestígios de alcalóides. A presença de antioxidantes tão ricos foi relatada para a fitorremediação eficaz na prevenção do stress oxidativo normal em seres humanos devido à exposição normal e regular a muitos produtos químicos casuais e condições relacionadas diariamente (Ranjbar *et al.,* 2006).

07. *Salvia mirzayanii* Rech.f. & Esfand.

Família: Lamiaceae.

Nome comum: Salva iraniana, Marv-e-Talkh, Moor-e-Talkh.

A Salvia mirzayani é a planta medicinal local do Irão. Os extractos desta planta são conhecidos por serem úteis no tratamento de patologias humanas e da diabetes na medicina local. A capacidade eficaz de eliminação de radicais livres e a atividade antioxidante relatadas devem-se à presença de componentes fitoquímicos como o biciclogermacreno, o pineno, o β-pineno e o sabineno no óleo essencial. Isto ajudou a prevenir a peroxidação do β-caroteno, ajudando na fitorremediação do stress oxidativo (Moein *et al.,* 2007).

08. *Zhumeria majdae* Rech.f. & Wendelbo

Família: Lamiaceae.

Nome comum: Mohrekhosh.

A planta de *Zhumeria majdae* é vulgarmente conhecida como "Mohre-khosh" na província de Hormozgan, região sul do Irão. É utilizada eficazmente para o tratamento de sintomas gerais de gripe, como constipação, tosse, dores de cabeça e refluxo. A planta é também utilizada como carminativo e na cicatrização de feridas (Izadoost *et al.,* 1983, Moein *et al.,* 2010).

Os extractos de acetato de etilo da planta revelaram a presença de uma grande quantidade de compostos fenólicos e flavonóides. A presença de compostos antioxidantes tão ricos atribui a sua capacidade eficiente de fitorremediação para reduzir os danos causados pelos radicais livres (Salehi *et al.,* 2005).

09. *Nepeta ispahanica*

Família: Lamiaceae.

Nome comum: Hortelã-gato.

A planta de *Nepeta ispahanicais é* distribuída na Europa, Ásia e África, e também no Irão. Foi relatado que os extractos da planta apresentam actividades antibacterianas e antioxidantes. O óleo essencial continha 1,8-cineol, β-pineno, germacreno-D e α-pineno como fitoquímicos eficazes para a remediação do stress oxidativo (Farag *et al.,* 1989).

10.*Silybum marianml* (L.) Gaertn.

Família: Asteraceae.

Nomes comuns: Cardus marianus, cardo mariano, cardo de leite, cardo mariano, cardo de Maria, cardo de Santa Maria, cardo mediterrânico, cardo variegado, cardo escocês.

O Silybum marianml é vulgarmente conhecido como "cardo mariano" e é uma planta anual ou bianual. O extrato purificado de Silybum a partir das sementes é denominado "Silymarim". O Silymarim é muito utilizado no tratamento de doenças do fígado, como a cirrose, a hepatite e a infiltração de ácidos gordos.

Sabe-se que os extractos de *Silybum são* constituídos por um grande número de flavolignanos, enzimas antioxidantes e os componentes mais activos, como a isoilibina, a silidianina e a silicreistina. O elevado poder antioxidante destes compostos torna o extrato útil para a fitorremediação na prevenção de doenças relacionadas com os radicais livres (Zarban *et al.,* 2006).

11. *Achillea wilhelmsii* K.Koch.

Família: Asteraceae.

Nome comum: Algodão de lavanda, Boomadaran.

A planta de *Achillea wilhelmsii* é conhecida localmente como "algodão lavanda" ou "Boomadaran". Encontra-se largamente presente em diferentes partes do Irão. O extrato das diferentes partes da planta é conhecido pelas suas actividades antinociceptiva, anti-inflamatória, protetora das células sanguíneas humanas, antiespasmódica e antimicrobiana. Os componentes do extrato da planta, tais como alcalóides, polienos, flavonóides, lignanos, triterpenos e sesquiterpenos, são conhecidos pela sua atividade de eliminação de radicais livres.

12. *Anethum graveolens* Boiss

Família: Apiaceae.

Nome comum: Endro.

A planta nativa do Irão, *Anethum graveolens,* cresce normalmente nas áreas de Tabriz, Khorasan e Tafresh. Os principais componentes do óleo essencial da planta foram relatados principalmente como sendo carven e limoneme, ambos atribuindo às propriedades antibacterianas e antioxidantes do *Anethum graveolens.* Assim, poderia ser utilizado como um antioxidante natural em géneros alimentícios. A capacidade de eliminação de radicais livres e a atividade de prevenção da peroxidação do β-caroteno tornam o extrato da planta uma fonte eficaz de fitoremediação.

13. *Alium latifolium* Gilib.

Família: Liliaceae.

Nome comum: Ramsons, Buckrams, Alho selvagem, Alho de folhas largas, Alho de madeira, Alho de urso, Alho de urso.

O Alium latifolium é uma planta nativa da Pérsia e é bem cultivada nas regiões frias do Irão. A cebola e o alho são espécies comuns. O timol, o trissulfureto de dimetilo, o 4-metil-5-tiazoetanol, o z-β-ocimeno e o carvacrol são referidos como os principais componentes do óleo essencial de *Alium latifolium.*

A fitorremediação dos extractos de *Alium* é utilizada na medicina popular para o tratamento de reumatismo, constipações, dores de cabeça, queimaduras e feridas, atribuindo às actividades antioxidantes da planta. Os substituintes de enxofre e alquilo presentes na planta contribuem para a sua capacidade de eliminação de radicais

(Khanhmdi *et al., 2010).*

14. *Melilouts officinaliss* (L.) Pall.

Família: Fabaceae

Nome comum: Trevo doce amarelo, meliloto amarelo, meliloto com nervuras

Uma das leguminosas bianuais, originária da Eurásia e habitualmente cultivada no Irão, é a *Melilouts officinaliss.* É referido que contém ácido hexadeanóico, lupanona, lupeol, ácido betulínico e ácido oleanólico de forma proeminente. O extrato contém compostos flavonóides e fenólicos devido à elevada atividade de eliminação de radicais da planta (Promoradi *et al.,* 2006).

15. *Ferulago angulata* (Schltdl.) Boiss.

Família: Apiaceae.

São conhecidas mais de 35 espécies do género *Ferulago. Ferulago angulata, no* entanto, é uma das sete espécies importantes que é cultivada na zona ocidental do Irão. Os constituintes fitoquímicos ricos presentes no seu extrato e no óleo essencial atribuem-lhe um elevado potencial antioxidante. Esta é a razão pela qual, tradicionalmente, a planta de *Ferulago angulata* é adicionada a diferentes produtos e óleos vegetais para prevenir a deterioração e dar-lhes um sabor agradável (Khanahmadi *et al.,* 2006).

16. *Artemisia haussknechtii* Boiss.

Família: Compositae

A espécie *Artemisia haussknechtii, de* nome persa "Dermaneh", é comummente encontrada em todo o Irão. O extrato da planta tem sido considerado como a fitorremediação perfeita utilizada no tratamento da dispepsia e de outras perturbações gastrointestinais pela população local na parte ocidental do Irão, devido à sua boa atividade antioxidante. A cânfora, o α-terpineol, o éter de davana e o acetato de bornilo foram os componentes principais entre os 48 componentes identificados no óleo essencial de *Artemisia. (*Khanahmadi *et al., 2009).*

17. *Smyrnium cordifolium* Boiss.

Família: *Umbelliferae*

A Smyrnium cordifolium é originária do Irão Ocidental. O extrato da planta é eficazmente utilizado internamente para o inchaço da bexiga e dos rins. Verificou-se que o extrato etanólico apresenta uma atividade antioxidante muito elevada e uma capacidade de eliminação de radicais livres. O extrato da planta consistia numa quantidade suficiente de flavonóides e fenóis (Abraham *et al.,* 1993).

18. *Chrozophora tinctoria* L.

Família: Euphorbiaceae.

Nome comum: Cróton de Tintureiro, Giradol, Vira-sol.

A Chrozophora tinctoria (L.) é uma espécie nativa do Kuwait, da Arábia Saudita, do Afeganistão e do Irão. Os extractos são conhecidos por conterem quantidades consideráveis de flavonóides, alcalóides, cumarinas e cromonas. Verificou-se que o extrato etanólico de diferentes partes da planta *Chrozophora* tem efeitos antioxidantes significativos. (Delazar *et al.,* 2006)

19. *Teucrium polium* L.

Família:Lamiaceae

O Teucrium polium é conhecido popularmente como "germandro felpudo". É uma erva nativa da região mediterrânica e do Médio Oriente, com flores pequenas e cor-de-rosa ou brancas. Sabe-se que os extractos apresentam uma forte capacidade antioxidante e uma fitoremediação eficaz na supressão do stress oxidativo. A peroxidação lipídica induzida pelo peróxido de hidrogénio nos glóbulos vermelhos é reduzida pelo pré-tratamento do extrato alcoólico de *Teucrium polium.* (Singh *et al.,* 2001).

Sabe-se que o extrato da folha é utilizado para fins medicinais, em especial para o tratamento de doenças do estômago e dores viscerais. O *Teucrium polium*, utilizado na medicina tradicional persa, é chamado localmente "Kalpooreh" e é bem conhecido pelas suas propriedades anti-hipertensivas, anti-bacterianas, anti-inflamatórias e anti-diabéticas. (Parsaee *et al.,* 2006)

20. *Thymus daenensis* Celak.

Família: Lamiaceae.

O Thymus daenensis é comum na parte norte do Irão. É utilizado como ingrediente alimentar, como chá e como medicamento à base de plantas, bem como pelas suas propriedades medicinais bem conhecidas. Foi relatada uma elevada atividade antioxidante dos óleos essenciais de *Thymus daenensis* devido à presença de uma fonte rica em timol e carvacrol (Alavi *et al.,* 2008).

21. *Coníferas iranianas*

As coníferas iranianas crescem popularmente em muitas partes do Irão. As plantas são sempre-verdes e aromáticas. São amplamente utilizadas como plantas medicinais. Os extractos de sementes, folhas e frutos são mais utilizados para fitorremediação e tratamento de várias doenças como bronquite, constipação, hemorragias nasais, hipertensão, inflamação e reumatismo. Os extractos também são conhecidos por regularem a menstruação e aliviarem as dores menstruais. (Yesilada *et al.,* 1995)

Os extractos metanólicos de folhas e frutos de *Conifer semipervirens* apresentaram a maior atividade antioxidante, tendo sido considerados eficazes na fitoremediação para diminuir o stress oxidativo. Também foi relatado que a maioria dos extractos da planta apresentou uma forte atividade antioxidante, ainda mais elevada do que o tocoferol, um antioxidante natural padrão. (Emami *et al.,* 2007).

22. *Hymenocrater longiflorus* Benth.

Família: Lamiaceae.

A planta nativa do Irão, *Hymenocrater longiflorus,* é bem conhecida pelo seu rico conteúdo antioxidante. O óleo essencial da planta consistia em α-pineno, 1,8-cineol, β-eudesmol, espatulenol, hedycaryol e δ-cadineno como os principais componentes responsáveis pelas actividades antioxidantes. A fração polar rica em compostos fenólicos atribui-lhe propriedades antioxidantes. Os óleos essenciais de *Hymenocrater longiflorus* foram capazes de inibir o branqueamento do β-caroteno. (Ahmadi *et al.,* 2010)

23. *Salvia eremophilia* Boiss.

Família: Lamiaceae.

O óleo essencial de *Salvia eremophilia,* a espécie iraniana, apresentou a atividade antioxidante ou de eliminação de radicais livres, mas mais fraca em comparação com o óleo essencial de outras variedades iranianas. Os principais componentes do óleo essencial registado são α-pineno, borneal, canfeno e transcariofileno. A ausência de compostos fenólicos na extração é atribuída à atividade mais fraca da planta. (Gholivand *et al.,* 2010).

Plantas medicinais de Taiwan.

24. *Ludwigia octovalvis* (Jacq.) P.H.Raven.

A Ludwigia octovalvis é uma planta medicinal de renome que se encontra habitualmente no Norte de Taiwan. Os extractos da planta inibem significativamente os radicais livres e o anião superóxido, sendo por isso uma fonte eficaz de fitorremediação. Os danos no ADN causados pelos radicais hidroxilo também podem ser eficazmente evitados após a fitoremediação pelo extrato da planta. (O extrato exibiu um efeito antioxidante potente *in vitro,* e mecanismos moleculares e biológicos *in vitro* sobre a antioxidação ou efeitos de quimioprevenção do cancro.

25. *Vitis thunbergii* Siebold.&Zucc.

Família: Vitaceae.

A planta medicinal nativa de Taiwan, *Vitis thunbergii,* é conhecida pela fitoremediação para reduzir os danos causados pelos radicais livres. O extrato da planta pode inibir praticamente por completo os danos no ADN causados pelos radicais hidroxilo. O conteúdo fenólico atribui às plantas uma elevada atividade antioxidante.

26. *Ginkgo biloba* L.

Família: Ginkgoaceae.

Nome comum: Ginkgo ou Gingko, árvore de Ginkgo, árvore de Maidenhair,

A planta medicinal de Taiwan, *Ginkgo biloba*, foi avaliada quanto às suas propriedades antioxidantes e de fitoremediação. O extrato de folhas e o extrato de materiais vegetais inteiros em pó seco ao ar em metanol apresentaram um elevado nível de atividade antioxidante. (Mazza *et al.,* 2000)

Plantas da Tunísia

27. *Artemisia herba-alba.*Asso.

Família: Asteraceae

Nome comum: Absinto branco.

O extrato vegetal de *Artemisia herbaalba* do Sul da Tunísia foi relatado como tendo atividade antioxidante. Foram identificados quatro tipos de óleos: β-tujona, α-tujona, tujonas (α + β) e 1,θ-ineol / cânfora / tujonas (α + β), todos eles com fraca atividade antioxidante, mas recomendados para fitorremediação para prevenir a oxidação do ácido linoleico. Pensa-se que a fraca atividade se deve à menor quantidade de compostos não fenólicos ou à sua completa ausência (Mighri *et al.,* 2010).

28. *Retama raetam* (Forssk.)Webb & Berthel.

Família:Fabaceae

Nome comum: Vassoura branca.

A planta de *Retama raetam* , cultivada na Tunísia, é considerada para fitorremediação para reduzir os danos oxidativos causados pelos radicais livres. Os óleos florais de *Retama raetam* são considerados como possuindo uma boa atividade antioxidante. A atividade apreciável foi atribuída à presença de uma elevada percentagem de monoterpenos nos óleos essenciais (Edziri *et al.,* 2010).

29. *Ridolfia sagetum* Moris.

Família: Apiaceae.

Nome comum: Falsa erva-doce, salsa de milho, falso cominho.

O óleo essencial consistia em quantidades elevadas de dois fenil-propanóides, dielapiole e miristicina, responsáveis pela atividade anticardíaca (Grosso *et al.,* 2010).

Flora turca

30. *Origanum acutidens* (Hand.-Mazz.) letsw.

Família: Lamiaceae.

Nome comum: Orégãos.

As actividades antioxidante, antimicrobiana e antiespasmódica do *Origanum acutidens* da flora turca são bastante notáveis. O óleo essencial de *Origanum* exibiu uma elevada atividade antioxidante essencial para a fitoremediação. Este facto é atribuído à presença de uma elevada percentagem de carvacrol (Goze *et al.,* 2010).

Espécies do Brasil

31. (a) *Aniba panurensis* (Meisn.) Mez.

Família: Lauraceae

31. b) *Aniba rosaeodora* (Mez.)

Família: Lauraceae

As espécies de variedades medicinais do Brasil são *Aniba panurensis* e *Aniba rosaeodora.* Foi relatado que os extractos apresentavam uma atividade antioxidante que foi considerada baixa. Esta baixa atividade deveu-se à ausência ou a concentrações muito baixas dos compostos antioxidantes activos importantes, como o β-cariofileno e os compostos fenólicos (Grosso *et al.,* 2010).

Plantas de especiarias mediterrânicas

32. *Thymus vulgaris* L.

Família: Lamiaceae.

Nome comum : Tomilho de jardim.

O óleo essencial da planta de especiarias muito comum da região mediterrânica, *Thymus vulgaris, é* conhecido por apresentar a melhor atividade de limpeza. Os seus principais constituintes são o terpinen-4-ol, o γ-terpineno, o hidrato de cis-sabineno, o linalol e o ρ-cimeno (Viuda-Martos *et al.,* 2010).

As partes aéreas, ou seja, folhas, flores e caule de *Thymus vulgaris* foram utilizadas para extração de fluido supercrítico do seu óleo volátil, e foram comparadas com os óleos essenciais separados por hidrodestilação. Os principais componentes em ambos os casos foram o ρ-cimeno e o γ-terpineno, o linalol, o timol e o carvacrol. O p-cimeno e o timol predominaram em ambos os casos. A presença de timoquinona no óleo volátil criou a diferença. A presença deste componente é responsável pela maior atividade antioxidante.

33. *Origanum vulgare* L.

Família: Lamiaceae.

Nome comum :Manjerona selvagem.

Uma das plantas condimentares comuns da dieta mediterrânica é o *Origanum vulgare*. Os constituintes ricos presentes nos óleos essenciais de *Origanum* são o carvacrol e os compostos fenólicos, como os orégãos e o tomilho. Estes compostos com uma rica propriedade de eliminação de radicais livres são os factores eficientes da fitoremediação (Viuda-Martos *et al.,* 2010).

Plantas da Argélia

34. *Pistacia atlantica* Desf.

Família: Anacardiaceae.

Nome comum: Terebintina, Terebinto.

O extrato da planta de *Pistacia atlantica* mostrou uma gama variada de atividade antioxidante. A diversidade de actividades foi relatada principalmente devido aos diferentes locais de colheita. A melhor atividade é atribuída à presença dos principais componentes, tais como α-pineno + α-tujeno, canfeno e espatulenol nos óleos essenciais das folhas da planta (Gourine *et al.,* 2010).

Os óleos essenciais das folhas masculinas e femininas de *Pistacia atlantica* apresentaram variações sazonais na composição e nas actividades antioxidantes. Verificou-se que os principais componentes do óleo essencial da folha masculina eram α-pineno / α-tujeno, espatulenol e biciclogermacreno; enquanto o óleo da folha feminina tinha como principal constituinte o δ-3-careno. A presença destes componentes permitiu uma melhor fitoremediação devido à capacidade de reduzir o stress oxidativo. A variação sazonal mostrou que a maioria dos componentes antioxidantes ricos dos óleos essenciais de *Pistacia* na folha masculina atingiu o seu ponto mais alto no mês de junho e na folha feminina nos meses de setembro a outubro.

Português Espécies.

35. ***(a) Thymus camphoratesHoffmanns.*** **& Link.**

Família: Labiatae.

35. (*b) Thymus caespititius* **Brot.**

Família: Labiatae.

Thymus é o género português mais popular com espécies importantes como *Thymus camphorates* Hoffmanns. & Link*, Thymus caespititius* Brot. Hoffman. & Link. Estas espécies são significativamente mais eficazes na eliminação de radicais hidroxilo. Os principais componentes destes óleos essenciais são o borneal, a cânfora, o α-terpineol, o 1,δ-cineol, o canfeno, o α-pineno e o ρ-cimeno, presentes em diferentes quantidades relativas. Os compostos fenólicos, como o timol e o carvacrol, estão presentes em menor quantidade, mas não são determinantes para a capacidade de eliminação dos radicais hidroxilo (Dandlen *et al.*, 2010). O sistema enzimático hipoxantina/xantina oxidase foi utilizado para a avaliação da atividade de eliminação de aniões superóxido dos óleos da variedade portuguesa de *Thymus*.

36. *Thymus zygis* L.

Família: Labiatae.

O óleo essencial de *Thymus zygis* foi relatado como tendo uma elevada atividade de eliminação do anião superóxido. Foi detectada uma atividade 50% superior à dos óleos essenciais de outras 28 espécies de Portugal. Os componentes predominantes do *Thymus zygis* identificados foram o timol e o carvacrol. Assim, os compostos fenólicos presentes no óleo de *Thymus* não só são capazes de eliminar os radicais hidroxilo, como também são capazes de eliminar os aniões superóxido (Dandlen *et al., 2010)*.

Variedade vegetal mexicana

37. *Lippia graveolens* Kunth.

Família: Verbenaceae

O óleo da espécie mexicana *Lippia graveolens* foi avaliado quanto às suas actividades anti-radicalar e antioxidante.

Avaliação com diferentes composições químicas. Foi efectuada uma avaliação com diferentes composições químicas juntamente com as respectivas microcápsulas (Sanchez-Arana *et al.*, 2010).

Plantas medicinais tailandesas

38. (a) *Arcangelisia flava* (L.) Merr.

Família: Menispermaceae

38. (b) *Coscinium blumeanum*

MIERS ex HOOK.F. & THOMSON,

Família: Menispermaceae

38. (c) *Fibraurea tinctoria* Lour.

Família: Menispermaceae

As plantas medicinais tailandesas, nomeadamente *Arcangelisia flava, Coscinium blumeanum* e *Fibraurea tinctoria,* foram consideradas eficazes para a fitoremediação. O extrato metanólico de *Arcangelisia flava* e os extractos metanólico e clorofórmico de *Coscinium blumeanum* apresentaram atividade antioxidante; enquanto que o extrato clorofórmico de *Arcangelisia flava* e *Fibraurea tinctoria* apresentaram atividade citotóxica. O cafeato de triacontanilo foi o componente responsável pela atividade antioxidante das plantas medicinais tailandesas, e os outros componentes presentes com atividade antioxidante moderada foram a jatorrizina, a palmatina e a berberina (Keawpradub *et al.,* 2005).

Plantas para de África

39. *Calpurnia aurea* (Aiton) Benth.

Família: Leguminosae.

Nome comum: Natal selvagem, Cape laburnum.

A Calpurnia aurea, originária da África do Sul, e as suas elevadas actividades antioxidantes e antibacterianas fazem dela uma fonte perfeita de fitorremediação. Os extractos da planta são utilizados para aliviar comichões, tratar erupções alérgicas particularmente causadas por lagartas e piolhos. O extrato de *Calpurnia aurea* é também utilizado eficazmente para o tratamento da disenteria amebiana e da diarreia nos animais, da sarna das feridas, da elefantíase e de diferentes inchaços. Assim, o extrato ativo antioxidante de *Calpurnia* é utilizado para fitorremediação, diminuindo o estado de stress oxidativo e prevenindo o desenvolvimento de várias doenças.

Os extractos metanólicos das folhas e do caule da *Calpurnia* possuíam componentes fenólicos ricos. Flavonóis, flavonóides, taninos, quercetina e catequina foram os conteúdos relatados que atribuem a elevada atividade antioxidante da *Calpurnia.* O extrato do caule continha fenóis e flavonóides em quantidades mais elevadas do que o extrato da folha. O conteúdo total de flavonóides e proantocianidinas foi considerado responsável pela elevada atividade antioxidante do extrato da folha. Assim, os extractos do caule e da folha serviram como eliminadores de radicais livres, ajudando na fitorremediação e melhorando os processos de doenças (Kris-Etherton *et al.,* 2002).

40. *Acokanthera oppositifolia* (Lam).

Família: Apocynaceae.

Nomes vulgares :Veneno do bosquímano, Boesma.

A planta de *Acois kanthera oppositifolia* é um arbusto ou uma pequena árvore originária da África do Sul. As folhas deste arbusto são utilizadas sob a forma de rapé para tratar dores de cabeça e em infusões para dores abdominais e convulsões. Os radicais livres são os principais agentes da peroxidação lipídica e, por isso, são agentes causadores da patogénese de muitas doenças. Os extractos metanólicos dos caules e das folhas de *Acokanthera oppositifolia* apresentam actividades antioxidantes devido ao seu conteúdo fenólico. A caraterística antioxidante da *Acokanthera* foi responsável pela fitorremediação ao servir como inibidores ou eliminadores de radicais livres. A presença de fenóis totais, flavonóides totais, flavonóis e proantocianidinas no extrato da planta atribui as elevadas actividades antioxidantes e fitorremediadoras.

No Cabo Norte da África do Sul, utilizavam-se flechas envenenadas com *Acokanthera* e veneno de cobra para matar os animais nocivos e contra os inimigos. O glicosídeo cardíaco foi identificado como o principal componente tóxico do extrato da planta de *Acokanthera oppositifolia* (Van Wyk *et al.,* 2002).

41. *Adenia gummifera* (Harv.) Harms

Família: Passifloraeeae.

Nomes vulgares : Cobra eliminadora.

A Adenia gummifera (Harv.) Harms é outra planta nativa da África do Sul. Os extractos do caule de *Adenia gummifera* apresentaram um nível mais elevado de flavonóides totais e proantocianidinas. Assim, as propriedades de eliminação de radicais livres e antioxidantes foram, em certa medida, validadas pelo seu potencial médico.

A Adenia gummifera é uma trepadeira lenhosa com caules verdes e folhas lobadas. As infusões são utilizadas como fitorremediantes em algumas formas de depressão. O caule verde é venenoso; no entanto, o seu extrato é útil no tratamento da lepra e da malária. A toxicidade da Adenia deve-se à combinação de proteínas altamente tóxicas, modeccio e glicosídeos cianogénicos. O gummiferol é o diepóxido poliacetilénico citotóxico isolado das folhas de *Adenia gummifera,* e é a fonte de fitorremediação contra várias linhas celulares de cancro humano (Fullas *et al.,* 1995).

Espécies australianas

42. *Lavandula augustifolia (*Mill.*)*

Família: Lamiaceae

Nome comum: Alfazema de jardim, Alfazema comum.

O óleo essencial de *Lavandula augustifolia* Mill. Da Austrália foi relatado para mostrar eficácia contra a peroxidação lipídica, e, portanto, usado como modo eficaz de fitorremediação na redução do stress oxidativo. O óleo era predominantemente constituído pelos compostos ricos em antioxidantes linalol e acetato de linalilo (Yang *et al.,* 2010). O limoneno também mostrou uma atividade semelhante.

Plantas medicinais da Dalmácia

43. (a) *Capparis spinosa* Linn.

Família: Capparaceae

Nome comum: Alcaparra, alcaparra comum, alcaparra do mato...

43. b) *Crithmum maritimum* L.

Família: Apiaceae.

Nome comum: Samphire, Rock samphire, Sea fennel.

Os nativos da Dalmácia, *Capparis spinosa* e *Crithmum maritimum,* apresentaram actividades antioxidantes elevadas nos seus óleos essenciais. A inibição da peroxidação lipídica no óleo essencial de *Capparis spinosa foi* atribuída à presença de constituintes, isotiocianato de metilo; e a propriedade antioxidante de *Crithmum maritimum* foi relatada como sendo devida à presença de sabinen e limoneno nos seus óleos. Este facto permite a sua utilização para fitorremediação (Astley *et al.,* 2002).

Espécies medicinais da China

44. *Amomum tsao-koCrevost* & Lemarie.

Família: Zingiberáceas.

Nome comum: Cao guo, cardamomo de Tsao-ko.

Amomum tsao-ko, a espécie popularmente cultivada no sudoeste da China, é também designada por *"Caoguo"* ou *"Tsao-ko".* O óleo essencial de Amomum demonstrou ser citotóxico com atividade antioxidante e também uma atividade anticancerígena substancial. A atividade antioxidante foi considerada fraca devido ao baixo conteúdo fenólico dos óleos, sendo o principal componente o 1,δ-cineol. No entanto, certos extractos de plantas apresentaram uma atividade antioxidante potente e moderada, eficaz na fitorremediação e os seus constituintes são a furandina, o germacreno D, a furanodienona, a curzerenona, o sabineno e o limoneno.

45. (a) *Thymus marschallianus* WILLD.

Família: Lamiaceae.

(b) *Thymus proximus* Serg.

Família: Lamiaceae.

As plantas medicinais da China são o *Thymus marschallianus e o Thymus proximus,* cujos óleos essenciais revelaram uma menor capacidade de prevenção da peroxidação da lecitina. No entanto, os óleos isolados de *Thymus proximus* apresentaram uma atividade antioxidante muito mais elevada. Os constituintes que predominaram nos óleos foram o ρ-cimeno, o γ-terpineno e o timol e, por conseguinte, a fonte eficiente de fitorremediação na redução das consequências do stress oxidativo.

46. *Wedelia chinensis* (Osbeck) Merrill

Família: Asteraceae.

Nome comum: Bhimraj, Bhimra, Mahabhringaraj, Kasarj, Bhringaraj.

A Wedelia chinensis é encontrada na China e na Índia sob a forma de uma erva anual muito ramificada. É vulgarmente conhecida como "Pilabhamgara" ou "Bhringraj" em hindi e "Wedelia" em chinês. É utilizada como medicamento à base de plantas nos sistemas de medicina Ayurvédica e Unani. A wedelolactona e a demethlywedelolactona são os constituintes da erva que são incorporados como ingrediente significativo em várias formulações fitofarmacêuticas anti-hepatotóxicas potentes e fármacos anti-inflamatórios úteis no tratamento da osteoporose e inflamações reumáticas (Kirtikar *et al.,* 1995).

Os extractos de folhas da planta são utilizados no tratamento de problemas de pele, cicatrização de feridas, dores de cabeça, distúrbios do sistema nervoso e digestivo, bem como na coloração de cabelos brancos e na promoção do crescimento do cabelo. As folhas contêm isoflavonóides e wedelolactane, terpenóides e esteróides responsáveis pelas suas propriedades antioxidantes que a tornam a fonte perfeita para a fitoremediação.

Espécies italianas

47. *Eucalyptus camaldulensis* Dehnh.

Família: Myrtaceae.

Nome comum: Goma vermelha.

Uma das muitas plantas medicinais, ou seja, *Eucalyptus camaldulensis*, conhecida pela sua elevada atividade antioxidante e eficiente na fitorremediação, cresce em estado selvagem em diferentes localidades da Sardenha (Itália). Os constituintes ricos em propriedades antioxidantes nos extractos são ρ-cimeno, 1,δ-cineol, β-phellandrene, espatulenol e criptona em diferentes proporções de acordo com o local e o período de colheita (Barra *et al.,* 2010).

Espécies Medicinais Antioxidantes de Nepal

Muitos distritos e zonas rurais do Nepal são armazéns naturais de plantas medicinais ricas em antioxidantes. Esta propriedade avalia a fitorremediação para a cura e prevenção de uma vasta gama de doenças através da redução dos danos oxidativos. A medicina correctiva para o tratamento de várias doenças foi obtida a partir das várias espécies ricas em antioxidantes de ervas e recursos vegetais locais. Os produtos vegetais satisfazem, assim, as necessidades diárias de alimentos, forragens, medicamentos, alimentos funcionais e fontes naturais de antioxidantes para a população indígena do Nepal desde tempos antigos.

Algumas das plantas medicinais com forte potencial antioxidante foram identificadas principalmente nos distritos de Jhapa e Lllam do Nepal.

48. ***Artemisia vulgaris*** **L.**

Família: Asteraceae.

Nome comum: Artemísia.

A planta medicinal, *Artemisia vulgaris* L., é conhecida localmente como "Titepati". É bastante eficaz para o tratamento de doenças comuns como disenteria, perturbações gástricas, dores de cabeça e sarna. Os extractos metanólicos das folhas de *Artemisia vulgaris* apresentaram a maior atividade de limpeza. Este facto foi atribuído à presença de uma elevada concentração de fenólicos e flavonóides totais nas plantas. Foram registados 20 flavonóides conhecidos, ácido fenólico e, predominantemente, eriodictiol e luteolina no extrato de folhas, o que lhe confere eficácia para a fitoremediação.

49. ***Ficus lacor*** **Buch.-Ham.**

Família :Moraceae.

Nome comum: Figo de Java.

A planta popularmente conhecida como *Ficus lacor* é normalmente utilizada para curar úlceras gástricas, febre tifoide, disenteria e furúnculos, bem como doenças do estômago. É também conhecida localmente no Nepal como "Kabro". Os extractos de folhas de *Ficuss* mostraram uma elevada atividade antioxidante. Foi registada a presença de um baixo teor de fenólicos totais nos extractos, indicando que os principais componentes antioxidantes podem não ser fenólicos. No entanto, foi registada a presença de um elevado teor de taninos nas folhas de *Ficus lacor*, que contribuem para as elevadas propriedades antioxidantes e são eficazes para a fitoremediação.

50. *Mallotusphilippensis* (Lam.) Muell.Arg.

Família: Euphorbiaceae.

Nome comum: Árvore Kamala, kamala vermelha, árvore Kumkum.

A planta medicinal de *Mallotus philippensis* é vulgarmente conhecida como "Sindhure" no Nepal. É utilizada eficazmente para curar a tosse gástrica, a diarreia, a bronquite, a febre tifoide e a meningite. A elevada atividade antioxidante é atribuível à presença de compostos bioactivos conhecidos, tais como taninos, derivados de calconas diméricas, triterpenóides e esteróides. Isto torna-a eficaz na fitorremediação. No entanto, os extractos de folhas de *Mallotus philippensis,* que apresentam uma atividade elevada, não continham compostos fenólicos elevados. Esta propriedade é atribuível a compostos fenólicos ou não fenólicos individuais com elevada atividade antioxidante específica (Mahmoud *et al.,* 2010).

51. *Acorus calamus* Linn.

Família: Araceae.

Nome comum: Bandeira doce, cálamo.

Acorus calamus é a planta nativa das zonas rurais do Nepal e é popularmente conhecida como "Bojho". É utilizada eficazmente para tratar doenças comuns como a tosse, a constipação e a disenteria. Os extractos de *Acorus calamus* têm poucos fenólicos e flavonóides, mas apresentam uma elevada atividade antioxidante. Foi referido que a presença de compostos bioactivos como lignanos, epieudesmina, terpenos e quinina nos extractos contribui para o potencial antioxidante da planta (Manach *et al.* 2004, Joshi *et al.*,2010).

52. *Terminalia chebula* Retz.

Família: Combretaceae.

Nome comum: Myrobalan chebulic, Myrobalan.

A Terminalia chebula, originária do Nepal, é conhecida como "Harro". É a fonte de fitorremediação no tratamento de muitas doenças sob a forma de um agente adstringente, antidiarreico e estíptico. O potencial antioxidante foi atribuído à presença de um elevado teor de fenóis totais nos extractos metanólicos das folhas da planta. É relatado que contém grandes quantidades de ácido gálico, ácido chebulico, 1,6-di-o-galloyl- β-D-glucose, punicalagina, casuarinina, chebulanina, corilagina, ácido elágico, ácido chebulágico, etc., que é considerado responsável pela sua elevada atividade antioxidante.

Plantas antioxidantes da Índia

53. *Adhatoda vasica* L.

Família: Acanthaceae.

Nomes comuns: Malabar nut, Adulsa, Arusha, Vasaka, Justiciaadhatoda, Adulsa arusa, Adathodai, bakash, Adathoda, Adalodakam, Adusoge, Addasaramu, Lion's muzzle, Stallion's tooth.

A Adhatoda vasica é uma das plantas medicinais importantes nativas da Índia. A planta está a ser utilizada nos sistemas de medicina indianos como Ayurveda e Unani. É também conhecida como *Justicia adhatoda* L., e é um arbusto de folha perene, utilizado como expetorante, antiespasmódico, broncodilatador, anti-histamínico e estimulante uterino. Os extractos da planta são utilizados no tratamento de distúrbios menstruais, infecções oculares, dores de garganta, hemorragias, diarreia e doenças de pele (Cleason *et al.,* 2000).

As folhas de *Adhatoda vasica* são importantes do ponto de vista medicinal, uma vez que são uma fonte rica de vitamina C e apresentam actividades hipoglicémicas e antiulcerosas. Os extractos da folha e da raiz possuem alcalóides como a vasicina, a I-vasicinona, a maiontona, a vasicinona e o vasicinol, e flavonóides como a apigenina, a astragalina e o kaempferol. As flores são ricas em triterpenos como o daucosterol. A vicina é considerada o constituinte importante responsável pelas actividades broncodilatadoras, uterotónicas e anti-inflamatórias das plantas. Foi relatado que o pré-tratamento de ratos com o extrato de *Adhatoda é* uma boa fitorremediação contra o stress de oxidação (Chopra & Ghosh, 1925, Mullar *et al.,* 1993), Jahangir *et al.,* 2006).

54. *Ocimum sanctum* Linn.

Família: Lamiaceae.

Nome comum: Tulsi, Baranda, Kala tuls.

O Ocimum sanctum é um pequeno arbusto medicinal, vulgarmente conhecido como "Tulsi" ou "Manjericão sagrado", cultivado popularmente na Índia. É considerada uma planta sagrada. O extrato de folhas é utilizado como fitorremediação para reduzir os danos oxidativos que dão origem à patogenecidade. Os constituintes antioxidantes ricos presentes no extrato são os terpernoides, o eugenol, o timol e o estragol. É utilizado no tratamento de bronquite, doenças cutâneas e perturbações gástricas de crianças e em dores de ouvidos.

55. *Santalum album* Linn.

Família: Santalaceae.

Nome comum: Sândalo, Sândalo indiano, Sândalo perfumado, Sândalo branco.

Popularmente conhecida como "Safed Chandan" ou "Sandal", a erva medicinal *Santalum* album é originária da Índia. Apresenta uma elevada atividade antioxidante e o seu extrato de cerne e casca são utilizados medicinalmente. É muito utilizada como antipirético e afrodisíaco, e é considerada curativa para doenças cardíacas, bronquite e varíola. O extrato de sementes é benéfico no tratamento de doenças de pele. O pó ou a pasta de "sândalo" é auspiciosamente esfregado na testa com os pressupostos religiosos e efeitos pacíficos e frescos. O "sândalo" constitui a base de vários produtos de perfumaria. Os constituintes fito-medicinais são o óleo volátil, o Santalol, o α-Santalol, o β-Santalol e o β-Sitosterol.

56. *Mangifera indica* Linn.

Família: Anacardiaceae.

Nome comum: Manga.

A forma adulta da árvore é a *Mangifera indica*, muito comum em toda a Índia, cujos frutos são conhecidos como "Am" / "Mango". A raiz, a folha e o fruto são ricamente constituídos por glicosídeos cianogénicos, polifenóis, vitamina A e C, mangiferina, β-sitosterol, quercetina, ácido elágico e ácido gálico. Assim, as diferentes partes das plantas são as melhores para a fitoremediação. São utilizadas no tratamento de disenteria, bronquite, descargas urinárias, leucorreia, hemorragia do útero, pulmões e instestino.

57. *Momordica charantia* Linn.

Família: Cucurbitaceae.

Nome comum: Melão amargo, cabaça amarga, abóbora amarga ou pera balsâmica.

Originária da Índia e popularmente conhecida como "Karela" ou "Melão Amargo", *a Momordica charantia* é utilizada para fitorremediação devido à sua atividade. Os extractos de raiz, folha, fruto e semente contêm ácido esteárico, triterpenos e glicosídeos. As raízes são utilizadas como laxante, antipirético, anti-helmíntico para a asma, úlcera, bronquite e cólera. O extrato do fruto é mais utilizado como estomático, reumatismo, antimutagénico e antidiabético. A propriedade de ser um forte eliminador de radicais superóxido e hidroxilo atribui-lhe o seu potencial de fitoremediação.

58. *Glycyrrhiza glabra* Linn.

Família: Fabaceae

Nome comum: Alcaçuz, Alcaçuz, sweetwood

A Glycyrrhiza glabra, vulgarmente conhecida como "Mulethi" ou "Alcaçuz", é bastante rica em conteúdos antioxidantes. Os flavonóides, a glicirrizina, a liquiritina, a isoliquiritina, a ramnoliquiritina e as 2-metilisoflavonas presentes no extrato de raiz tornam-no eficaz para a fitoremediação. Assim, o extrato da planta é eficaz no tratamento de doenças comuns como a vitamina, asma, bronquite, conjuntivite aguda, e na cura de feridas e úlcera péptica.

59. *Glycosmis pentaphylla* (Retz.) DC

Família: Rutaceae.

Nome comum: Orangeberry, Gin berry.

A Glycosmis pentaphylla correa é uma das plantas medicinais indianas mais importantes, uma vez que é considerada uma potencial fonte natural de antioxidantes. É vulgarmente conhecida como planta "escova de dentes" e cresce nas zonas locais em redor de Mangalore, Karnataka, na Índia.

Os extractos da planta foram considerados biologicamente vantajosos para as células no controlo da quantidade de peróxido de hidrogénio e da sua toxicidade resultante. Sabe-se que a capacidade dos extractos de plantas na decomposição de H_2O_2 resulta da atividade antioxidante e de eliminação de radicais livres da *Glycosmis pentaphylla.* A infusão de folhas com compostos antioxidantes ricos, como alcalóides, proteínas e esteróides, e também triterpenóides e conteúdos polifenólicos do extrato da planta permitem a sua fitoremediação bem sucedida, atribuindo à sua atividade de eliminação de radicais livres e abrandando o stress oxidativo. É também conhecido pela sua ação hepatoprotectora. Assim, o extrato da folha é utilizado em febre, distúrbios hepáticos, tosse e iterícia, e como aperitivo e tónico para mulheres após o parto (Hakkim *et al.,* 2008).

60. *Oroxylum indicum* Vent.

Família: Bignoniaceae.

Oroxylum indicum é uma das plantas medicinais do Nordeste da Índia, especialmente do distrito de Sonitpur, em Assam, na Índia. É conhecida localmente como "Bhatgila" e como "Soyanka" em hindi. As partes de *Oroxylum indicum* utilizadas para fins medicinais são a casca da raiz, a casca do caule e as sementes.

A capacidade de eliminação de radicais de diferentes extractos de plantas é bastante notável e atribui a sua eficácia à fitoremediação. Os constituintes fitoquímicos mais ricos presentes nos extractos são os fenóis e os flavonóides. As saponinas estavam ausentes em todas as amostras, mas os taninos e os alcalóides eram predominantes. Os taninos desempenham um papel importante na promoção da cicatrização de feridas e, por conseguinte, a pasta da casca de *Oroxylum indicum* é utilizada como fonte de fitorremediação e é aplicada externamente para aliviar a dor da ferida.

A utilidade medicinal do *Oroxylum indicum* é sob a forma de tónico e no tratamento de diabetes, diarreia, disenteria e purgativo. Para além da utilização no tratamento de perturbações intestinais, *o Oroxylum indicum* é útil como planta medicinal anticancerígena e antitumoral. A fitorremediação inclui o pó e a infusão da casca, que são diaforéticos e úteis na reumatismo. O flavonoide chamado Baicalein separado da casca tem a capacidade de inibir a proliferação de uma célula cancerígena.

01. *Camellia sinensis*(L.)Kuntze

02.*Zea mays* L.

03. *Ocimum basilicum* L.

04. *Olea europaea* L.

05. *Lavandula officinalis*

06. *Echium amoenum*Fisch. & C.A.Mey.

Placa fotográfica A

07. *Salvia mirzayanii* Rech.f .& Esfand

08. *Zhumeria majdae* Rech.f. & Wendelbo.

09. *Nepeta ispahanica*

10. *Silybum marianum* (L.)Gaertn.

11. *Achillea wilhelmsii* K.Koch.

12.*Anethum graveolens* Boiss..

Placa fotográfica B

13. *Allium latifolium* Gilib. 14. *Melilotus officinalis* (L.) Pall.

15. *Ferulago angulata* (Schltdl.)Boiss. 16. *Artemisia haussknechtii* Boiss.

17. *Smyrnium cordifolium* Boiss. 18. *Chrozophora tinctoria* (L.)

Placa fotográfica C

19. *Teucrium polium* L.

20. *Thymus daenensis* Celak.

21. *Iranian conifers*

22.*Hymenocrater longiflorus* Benth.

23. *Salvia eremophila* Boiss.

24. .*Ludwigia octovalvis* (Jacq.) P.H.Raven

Placa fotográfica D

25. *Vitis thunbergii* Siebold& Zucc.

26. *Ginkgo biloba* L.

27. *Artemisia herba-alba* Asso.

28. *Retama raetam* (Forssk) Webb & Berthel.

29.*Ridolfia segetum* Moris

30. *Origanum acutidens* (Hand.-Mazz.)Ietsw.

Placa fotográfica E

31.(a)*Aniba panurensis* (Meisn.) Mez **31. (b) *Aniba rosaeodora* (Mez.)**

32.*Thymus vulgaris* L **33. *Origanum vulgare* L.**

34.*Pistacia atlantica* Desf. **35. (a)*Thymus camphorates* Hoffm &Link.**

Placa fotográfica F

35.(b)*Thymus caespititius* Brot. 36. *Thymus zygis* L.

37. *Lippia graveolens* Kunth 38.(a) *Arcangelisia flava* (L.) Merr.

38.(b)*Coscinium blumeanum* Miers ex Hook. 38.(c) *Fibraurea tinctoria* Lourf. &Thomson

Placa fotográfica G

39. *Calpurnia aurea* (Ait.) Benth.

40. *Acokanthera oppositifolia* (Lam.).

41. *Adenia gummifera* (Harv.) Harms

42.*Lavandula angustifolia* (Mill)

43. (a) *Capparis spinosa* Linn.

43.(b) *Crithmum maritimum* L

Placa fotográfica H

44.*Amomum tsao-ko* Crevost &. Lemarie

45. (a) *Thymus marschallianus* WILLD.

45. (b)*Thymus proximus* Serg.

46. *Wedelia chinensis* (Osbeck) Merrill.

47. *Eucalyptus camaldulensis* Dehnh.

48. *Artemisia vulgaris* L.

Placa fotográfica I

49. *Ficus lacor* Buch.-Ham.

50.*Mallotus philippensis* (Lam.) Muell.Arg.

51. *Acorus calamus* linn.

52. *Terminalia chebula*retz.

53. *Adhatoda vasica* L.

54. *Ocimum sanctum* Linn

Placa fotográfica J

55.*Santalum album* Linn.

56. *Mangifera indica* Linn.

57 .*Momordica charantia* Linn.

58. *Glycyrrhiza glabra* Linn.

59.*Glycosmis pentaphylla* (Retz.)DC

60.*Oroxylum indicum* Vent.

Placa fotográfica K

Tabela 1. Plantas Medicinais Antioxidantes (AMP)

S.n.	Nome da planta.	Placa fotográfica
1.	*Camellia sinensis* (L) Kuntze	A-01
2.	*Zea mays L.*	A-02
3.	*Ocimum basilicum* L.	A-03
4.	*Olea europaea* L.	A-04
5.	*Lavandula officinalis* L.	A-05
6.	*Echium amoenum* Fisch. & C.A.Mey.	A-06
7.	*Salvia mirzayanii* Rech. f .& Esfand.	B-07
8.	*Zhumeria majdae* Rech. f. & Wendelbo	B-08
9.	*Nepeta ispahanica*	B-09
10.	*Silybum marianml* (L.) Gaertn.	B-10
11.	*Achillea wilhelmsii* K.Koch.	B-11
12.	*Anethum graveolens* Boiss	B-12
13.	*Allium latifolium* Gilib.	C-13
14.	*Melilotus officinalis* (L.) Pall.	C-14
15.	*Ferulago angulata* (Schltdl.) Boiss.	C-15
16.	*Artemisia haussknechtii* Boiss.	C-16
17.	*Smyrnium cordifolium* Boiss.	C-17
18.	*Chrozophora tinctoria* (L.)	C-18
19.	*Teucrium polium* L.	D-19
20.	*Thymus daenensis* Celak.	D-20
21.	*Coníferas iranianas*	D-21
22.	*Hymenocrater longiflorus* Benth.	D-22
23.	*Salvia eremophila* Boiss.	D-23
24.	*Ludwigia octovalvis* (Jacq.) P.H.Raven	D-24
25.	*Vitis thunbergiiSiebold&* Zucc.	E-25
26.	*Ginkgo biloba* L.	E-26
27.	*Artemisia herba-alba* Asso.	E-27
28.	*Retama raetam* (Forssk) Webb & Berthel.	E-28

29.	*Ridolfia segetum* Moris	E-29
30.	*Origanum acutidens* (Hand.-Mazz.)Ietsw.	E-30
31.	*Aniba panurensis* (Meisn.) Mez	F- (a) 31
32.	*Aniba rosaeodora* (Mez.)	F- (b) 31
33.	*Thymus vulgaris* L	F- 32
34.	*Origanum vulgare* L.	F- 33
35.	*Pistacia atlantica* Desf.	F- 34
36.	*Thymus camphorates* Hoffm &Link.	F- (a) 35
37.	*Thymus caespititius* Brot.	G- (b) 35
38.	*Thymus zygis* L.	G- 36
39.	*Lippia graveolens* Kunth	G-37
40.	*Arcangelisia flava* (L.)Merr.	G-(a) 38
41.	*Coscinium blumeanum* Miers ex Hook. f. & Thomson	G-(b) 38
42.	*Fibraurea tinctoria* Lour	G-(c) 38
43.	*Calpurnia aurea* (Ait.) Benth.	H- 39
44.	*Acokanthera oppositifolia* (Lam.)	H- 40
45.	*Adenia gummifera* (Harv.) Harms	H- 41
46.	*Lavandula angustifolia* (Mill)	H- 42
47.	*Capparis spinosa* Linn.	H- (a) 43
48.	*Crithmum maritimum* L	H- (b) 43
49.	*Amomum tsao-ko* Crevost & Lemarie.	I- 44
50.	*Thymus marschallianus* WILLD.	I- a) 45
51.	*Thymus proximus* Serg.	I- (b) 45
52.	*Wedelia chinensis* (Osbeck) Merrill.	I-46
53.	*Eucalyptus camaldulensis* Dehnh.	I-47
54.	*Artemisia vulgaris* L.	I-48
55.	*Ficus lacor* Buch.-Ham.	J-49
56.	*Mallotus philippensis* (Lam.) Muell.Arg.	J-50
57.	*Acorus calamus* linn.	J-51
58.	*Terminalia chebularetz.*	J-52
59.	*Adhatoda vasica* L.	J-53

60.	*Ocimum sanctum* Linn	J-54
61.	*Santalum album* Linn.	K-55
62.	*Mangifera indica* Linn.	K-56
63.	*Momordica charantia* Linn.	K-57
64.	*Glycyrrhiza glabra* Linn.	K-58
65.	*Glycosmis pentaphylla* (Retz.) DC	K-59
66.	*Oroxylum indicum* Vent.	K-60

Referências

Abraham S K, Sharma L, Kesavan P C **(1993).** Efeito protetor do ácido clorogénico, curcumina e b-caroteno contra danos cromossómicos induzidos por radiação gama/" *vivo. Mutation res.*303:109-112.

Afsharypour S, Azarbayejany N **(2003)**. Constituintes químicos do óleo essencial de flores de *Lavandula officinalis* chaix de *Isfahan.Ir anian J Pham Sci;* 2 (3): 196-172.

Ahmadi F, Sadeghi S, Modarresi M, Abiri R, Mikaeli A **(2010).** Composição química, actividades antimicrobianas *in vitro* do óleo essencial e do extrato metanólico de *Hymenocrater longflorus* Benth. do Irão. *Food Chem toxisol.,* 48:11371144.

Alavi L, Jabbari A, *et al.* **(2008).**Composição química e propriedades antioxidantes dos óleos essenciais *(Lippia citriodora, Thymus daenens is). 18th* Congresso Nacional de Tecnologia Alimentar Mashhad, Irão.

Astley SB Lindsay Da **(2002),** European Research on the Functional Effects of Dietary Antioxidants- EUROFEDA.*Mol Asp Med, 23:1-38.*

Barra A, Coroneo V, Dessi S, Cebras P, Angioni A **(2010).**Variabilidade química, atividade antifúngica e antioxidante do óleo essencial de *Eucalyptus camadulensis* da Sardenha.*Nat Prod Commun;* 5:329-335.

Benzie I F **(2003).**Evolution of Antioxidants.*Comp Biochem Physiol,* 136:113-126.

Blanhoff R **(2005).**Dietary Antioxidants and Cardiovascular Diseases. *Curr opin Lipidol,* 16:47-54.

Chopra RN, Ghosh S **(1925).** Algumas observações sobre a ação farmacológica e as propriedades terapêuticas de *Adhatoda vesica. Indian J Med Res;* 13:205.

Claeson UP, Malmfors T, Wikman G, Bruhn J G **(2000)** *Adhatoda vasica*: uma revisão crítica dos dados etnofarmacológicos e toxicológicos. J Ethnopharm; 72:1-20.

Dandlen S A, Lima A S, Mendes M D, Miguel Ma, Faleiro M L, Sousa M J Pedro La, Barroso Ja, Figueiredo A C **(2010).**Atividade antioxidante de seis *óleos* essenciais de espécies de *Tomilho de* Portugal.*Flavour Fragr J;* 25:150-155.

Delazar A, Talisch B, *et al.***(2006)**. *Chrozophorium,* um novo glucosídeo de flavonas aciladas de *Chrozophora tinctoria* (Euphorbiaceae).*Brazi;ian J Pharmacog;* 16 (31):286-90.

Dinkova- Kostova AT, Talalay P **(2008),** Direct and Indirect Antioxidants Properties of Inducers of Cytoprotective Proteins.*Mol Nutr Food Res,* 52 Suppl 1: S 128-138.

Ebrahimzadeh M A, Pourmorad F, Hafezi S **(2008)**. Actividades antioxidantes da seda de milho iraniana. Turk J Biol; 32:43-9.

Edzari H, Mastouri M, Cheraif I, Aouini M **(2010).**Composição química e avaliação *in vitro* das actividades antioxidantes e antimicrobianas das raízes de *Ridolfa segetum* (L.)Moris da Tunísia.*^at Prod Res;* 24:491499.

Emami SA, Asili J, *et al* **(2007).**Antioxidant activity of leaves and fruits of Iranian conifers. Oxf J; 4(3): 313-9.

Farag RS, Badei AZMA, ElBaroty GSA **(1989)**. Influência da oxidação essencial de tomilho e cravo. J The Chemists Society; 66: 800-4.

Fullas F, Broen D M, Wani Mc, Wall M E, Chagwedera Te, Farnsworth NR, pezzuto

JM, Kinghorn AD **(1995).**Gummiferol, um poliacetileno citotóxico das folhas de *Adenia gummifera.J* Nat Prod; 58 (10): 1625-1628.

Gholivand K, Mahzouni H R, Pourayoubi M, Amiri S **(2010).** *Inorg Chim Ata;* 363: 2318-2324.

Gourine N. Yousfi M, Bombarda I, Nadjemi B, Stocker P, Gaydon E M **(2010).** Atividade antioxidante e composição química do óleo essencial de *pistacia atlantica* da Argélia. *Ind Crop Prod;* 31:203208.

Goze I, Alim A, Cetinus S A, Cetin A, Durmus N, Atas A T, Vural N **(2010).**Actividades antimicrobianas, antioxidantes e antisapasmódicas *in vitro* e a composição do óleo essencial de *Origanum acutidens* (Hand.-Mazz.) letswants *I Med Food;* 13: 705-709.

Grosso S J, Ogle S M, Parton W J, Breidt F J **(2010).** Estimando a incerteza na emissão de N2O do solo de terras agrícolas dos EUA. *GlobalBiogeochem.Cycle;* 25, GB1009.

Hajimahmoodi M, Sadafhi N, Jannat B **(2008).** J Biol Sc; 82: 779-83.

Hakkim F L, Arivazhagan G, Boopathy R **(2008).** Propriedade antioxidante de espécies seleccionadas de Ocimum e o seu conteúdo de metabolitos secundários. *Jou Of Medi Pl Res.* 2(9), 250-257.

Halvoren B L, Holte K, Myhrstad Mcw, Barikmo I, Hvattum E, Remberg S F,Wold A B, Haffner K, Baugerod H, et al. **(2002).**A Systematic Screening of Total Antioxidants in Dietary Plants. *J Nutr,* 132:461-471.

Husain Nisreen, Kumar Anil **(2012),** Reactive Oxygen Species and Natural

Antioxidants (Espécies Reactivas de Oxigénio e Antioxidantes Naturais): A Review. *Adv Biores,* 3[4]: 164-175.

Izaddoost M, Rustaiyan A, Niknejad A, Sharif Z **(1983).**Phytochemicastudy of *Zhumeria majdae. Biochem Soc Trans;* 54: 1023-7.

Javanmardi J, Stushoff C **(2003).**Atividade antioxidante e conteúdo fenólico total de acessos de ocimum iranianos. *FdChem;* 83 (4):547-50.

Jhangir T, Khan TH, Prasad L, Sultana S **(2006)**. Reversão do stress oxidativo induzido pelo cloreto de cádmio e da genotoxicidade pelo extrato de *Adhatoda vesica* em ratos albinos suíços. *Ferver. Trace Element Res;* 111:217-228.

Joshi SC, Verma A R, Mathela C S **(2010).** Actividades antioxidantes e antibacterianas dos óleos essenciais das folhas de *espécies de Lauraceae* dos Himalaias. *J Chem Toxical;* 48:37-40.

Kaskoos RA, Amin S, *et al.* **(2009).**Composição química do óleo de *Olea europaea* Drupes. *Res J Med Pl;* 3(4): 146-50.

Keawpradub N, S. Dej-adisai, S. Yoenyongsawad **(2005).**Actividades antioxidantes e citotóxicas de plantas medicinais tailandesas denominadas Khaminkhruea: *Arcangelisia flava, Coscinium blumeanum e Fibraurea tinctoria. J. Sci. Technol,* 27 (2), 455-467.

Khamahmadi m, Rezazadeh Sh **(2010)**. Revisão das Plantas Medicinais Iranianas com Propriedades Antioxidantes. *J Med Pl;* 9 (35):19-32.

Khanamadi M, Janfeshan K **(2006)**. Estudo sobre a propriedade antioxidante da planta

Ferulago augulata. Asian J Pl Sci; 5:521-6.

Khanamadi M, Rezazadeh SH, *et al.* **(2009)**. Estudo sobre a composição química dos óleos essenciais e antioxidantes e propriedades antimicrobianas de *Artemisia haussknechtii. J Med Pl;* 8(31):132- 41.

Kris-Etherton, P. M.; Hecker, K. D.; Bonanome, A.; Coval, S. M.; Binkoski, A. E.; Hilpert, K. F.; Griel, A. E. Etherton, T. D. **(2002)**. Bioactive compounds in foods: their role in the prevention of cardiovascular disease and cancer. *Am J Med,* 113:71-88.

Kritikar K R e Basu B D **(1995).**Indian Medicinal plants. Int. Distribuição de livros, Dehradun, Índia; 4:758-793.

Li H L, Liu T S, Huang T C, Koyama T, and Devol Ce **(1978).**Flora of Taiwan.Vol. 5. Epoch Publishimg Co. Ltd. Taipei, Taiwan.

Mahmoud A. Saleh, Shavon Cleck **(2010).** Actividades Antioxidantes e de Eliminação de Radicais Livres de Óleos Essenciais. *Ethn & Dis,* 20:S1-78- S1-82.

Manach C, Scalbert A, Morand C, Remesy C, Jimenez L **(2004).** Polifenóis: Food Sources and Bioavailability. *Am J Clin Nutr,* 79 : 727-747.

Mazza G e Oomah B D **(2000):** Química, Farmacologia e Aplicações Clínicas da Erva de São João e do *Gingo biloba, em Herbs, Botanicals and Teas,* Eds; Technomic Publishing Co. Inc., Lancaster, P A, USA; 131176.

Mighri H, Hajlauri H, Akrout A, Najjaa H, Neffati M **(2010).**Actividades antimicrobianas e antioxidantes do óleo essencial de *Artemisia herba-alba* cultivada na zona árida da Tunísia.*CR chim;* 13:3R-386.

Moein S, Farzami B, Khaghani SH, *et al.* **(2007)**. Propriedades antioxidantes e efeitos protectores sobre a citotoxicidade celular da *Salvia mirzayani. Pharmacei Biol;* 45 (6): 458-63.

Moein S, Moein R **(2010).**Relação entre propriedades antioxidantes e fenólicos em *Zhumeria majdae.* J medi Pl Res; 4(7): 517-21.

Mullar S, Antus M, Bittinger **(1993):** Química e Farmacologia das plantas antiasmáticas, *Galpinia glauca, Adhatoda vesica, Picorrhiza kurrao. Planta Medica;* 595: A586.

Parsaee H, Shafiee R **(2006)**. Efeitos anti-espasmódicos e anti-nociceptivos do extrato aquoso de Teucrium polium, *Iranian Biomed J;* 10 (3):145-9.

Promoradi F, Hosseinimehr SJ, Shahabi D **(2006)**. Atividade antioxidante, conteúdos fenólicos e flavonóides de algumas plantas medicinais iranianas selectivas. *African JBiotecnol;* 5(11):1142-5.

Ramjbar A, Khorami S, Safarabadi M, *et al.* **(2006).** Atividade antioxidante da decocção de flores de *Echium Amoenum* fisch & C.A. mey iraniana em seres humanos. Um ensaio clínico transversal antes/depois. *Medicamentos complementares e alternativos baseados em evidências;* 3(4): 469-73.

Salehi P, Allahyari L, Sonboli A **(2005).**Propriedades antibacterianas e antioxidantes do óleo essencial e de vários extractos de *Nepeta ispahanica* do Irão.First Seminar of Medicinal & Natural Products Chemistry. Shiraz, Irão. 10-11 de maio.

Sanchez-Arana A, Estarron-Espinosa M, Obledo-Vazquez EN, Camberos E P, Silva-Vazquez R, Lugo-Cervantes E **(2010)**. Atividade antimicrobiana e antioxidante de óleos essenciais de orégãos mexicanos *(Lippia graveolens H B K)* com diferentes composições quando microencapsulados em P-ciclodextrina. *Lett Appl Microbiol;* 50:585590.

Semnani M, Saeidi M, Dolatabei R **(1983)**. Comparação da atividade antioxidante do extrato de tes verde com os antioxidantes comerciais hidroquioinon crean. J Med Pl; 4(13): 36- 44.

Singh G, Kawatra, Sehgal S **(2001)**.Nutritional composition of selective green leafy vegetables, herbs and carrot, . 56(4): 359-64.

Van Wyk, B.-E **(2002)**.A review of ethnobotanical research in southern *Africa.South African Journal of Botany;* 68: 1-13.

Viuda- Martos M, Navajas Y R, Zapata E S, Fernadez-Lapez J, Peraz-Alvarez J A **(2010)**. Atividade antioxidante de óleos essenciais de *Ageratum conyzoides* L. I Sci Food Agr; 90:608-614.

Yang Y, Yue Y, Runwei Y, Guolin Z **(2010)**. Atividade citotóxica, apoptótica e antioxidante do óleo essencial de *Amomum tsao-ko. Bioresour Technol;* 101:4205-4211.

Yesilada E, Honda G, Sezik E, Tabata M, Fujita T, Tanaka T, *et al.* **(1995)**. Medicamentos populares no interior das Montanhas Tasurus. *J Ethnopharm;* 46:133-52.

Zarban A, Masood Z **(2006)**. Avaliação das propriedades antioxidantes da silimarina e do seu potencial para inibir os radicais peroxilo in vitro. *Pak J Pharm Sa;* 21(3):240-245

MIX
Papier aus verantwortungsvollen Quellen
Paper from responsible sources
FSC® C105338

Printed by Books on Demand GmbH, Norderstedt / Germany